这就是二十四节气

于启斋◎编著
梦堡文化◎绘

吉林科学技术出版社

图书在版编目（CIP）数据

这就是二十四节气 / 于启斋编著. -- 长春 : 吉林科学技术出版社, 2023.6
（我的第一套启蒙百科全书）
ISBN 978-7-5578-9173-2

Ⅰ. ①这… Ⅱ. ①于… Ⅲ. ①二十四节气－儿童读物 Ⅳ. ①P462-49

中国版本图书馆CIP数据核字(2022)第003746号

我的第一套启蒙百科全书

这就是二十四节气

ZHE JIU SHI ERSHISI JIEQI

编　　著　于启斋
副 主 编　赫雨桐　钱宇琦　高荣林
　　　绘　梦堡文化
出 版 人　宛　霞
责任编辑　金钟女　樊莹莹
封面设计　长春美印图文设计有限公司
制　　版　长春美印图文设计有限公司
幅面尺寸　226 mm×240 mm
开　　本　12
印　　张　5
字　　数　65千字
页　　数　60
印　　数　1-6 000册
版　　次　2023年6月第1版
印　　次　2023年6月第1次印刷

出　　版　吉林科学技术出版社
发　　行　吉林科学技术出版社
地　　址　长春市福祉大路5788号出版集团A座
邮　　编　130118
发行部传真 / 电话　0431-81629529　81629530　81629231
　　　　　　　　　81629532　81629533　81629534
储运部电话　0431-86059116
编辑部电话　0431-81629518
印　　刷　辽宁新华印务有限公司

书　　号　ISBN 978-7-5578-9173-2
定　　价　29.90元

目录

CONTENTS

了解一下节气

二十四节气起源于我国黄河流域。古代中国劳动人民在长期的生产实践中，用自己的聪明才智，发现太阳的运动与一年中的时令、气候和物候变化之间有着一定的规律。于是，通过对太阳一年的运动轨迹观测，以春分为起点，将一年分成二十四等份，太阳每转15°，就是一个节气，这样就有二十四个节气。

熟悉一下节气，好利用节气呀！

什么是节气

节气，是指一年之中二十四个时节和气候，是中国古代订立的一种用来指导农事的补充历法，是古代劳动人民长期经验积累的成果和智慧的结晶。

二十四节气的由来

早在春秋战国时期，古人就用土圭，简单说来，就是在平面上竖直立一根杆子，来测量正午太阳影子的长短，从而确定了冬至、夏至、春分、秋分四个节气。一年之中，土圭在正午时分，影子最短的一天为夏至，最长的一天为冬至，影子长度适中的两天为春分和秋分。在距今2000多年的秦汉时期，聪明的先人便完整地制定出了二十四节气。

二十四节气分别有哪些

二十四节气分别为：立春、雨水、惊蛰、春分、清明、谷雨、立夏、小满、芒种、夏至、小暑、大暑、立秋、处暑、白露、秋分、寒露、霜降、立冬、小雪、大雪、冬至、小寒、大寒。

啊，
意义深远！

二十四节气的意义

二十四节气是中国古代天文学家和百姓在生活和生产实践中，通过观察总结出来的气候规律，比较科学地反映了一年四季气温、物候、降雨等方面的变化，对人们农时安排农耕、蚕桑等活动，以及日常生活有着重要的指导意义。

二十四节气实现了天文、农事、物候和民俗的巧妙结合，衍生出了许多很有文化特色的民俗，有着巨大的生命力，因而延续至今。

在国际气象界，二十四节气被誉为“中国的第五大发明”。

二十四节气时间表

月份	节气	日期	节气	日期
1月	小寒	5-7日	大寒	20-21日
2月	立春	3-5日	雨水	18-20日
3月	惊蛰	5-7日	春分	20-21日
4月	清明	4-6日	谷雨	19-21日
5月	立夏	5-7日	小满	20-22日
6月	芒种	5-7日	夏至	21-22日
7月	小暑	6-8日	大暑	22-24日
8月	立秋	7-9日	处暑	22-24日
9月	白露	7-9日	秋分	22-24日
10月	寒露	8-9日	霜降	23-24日
11月	立冬	7-8日	小雪	22-23日
12月	大雪	6-8日	冬至	21-23日

聪明的中国人，
真是了不起！

二十四节气

中国非物质文化遗产

世界非物质文化遗产

2016年11月30日，中国二十四节气被正式列入联合国教科文组织人类非物质文化遗产代表作名录。

二十四节气歌

春雨惊春清谷天，夏满芒夏暑相连。
秋处露秋寒霜降，冬雪雪冬小大寒。
上半年逢六廿一，下半年逢八廿三。
每月两节日期定，最多相差一二天。
（廿：读 niàn，二十的意思）

太好用了！

立春

立春，俗称“打春”，又叫“报春”。它的前一天叫“迎春”。“立”是开始的意思，立春也就是说春季开始了。立春之后，气温逐渐升高，天气变暖，白天逐渐变长，万物复苏。不过，有些地方还是比较寒冷的。立春，意味着新的一个循环开始了，象征着新的一年又开始了。

立春时间

每年公历（阳历）2月3日—2月5日中的一天起始，为期15天。

立春之后，物候会发生明显的变化。

1. 东风解冻：春风吹来了，大地解冻，草木复苏，植物准备发芽。

2. 蛰虫始振：躲在洞里冬眠的虫子苏醒了。因洞外还不够暖和，活动一下身体，为出蛰做好准备。

3. 鱼陟负冰：气温升高，河面上的冰开始消融，鱼儿欢快地在浮冰下游来游去，看上去是在背着浮冰游泳，好不自在呀！

立春三候

东风解冻

蛰虫始振

鱼陟负冰

“咬春”与“鞭牛”的习俗

啊，我咬住春天了！

咬春

我国有些地方，在立春这一天，喜欢做春卷或春饼吃，俗称“咬春”，以期自己在新的一年开始时，遇到好运。

立春这一天，我国有些地方有鞭“春牛”的习俗，就是用泥土塑造一个泥牛，让村里一位德高望重的人用“彩鞭”鞭牛，将泥牛打碎后，大家纷纷抢泥牛碎块放到自家的地里，期待今年有一个好收成。

鞭牛

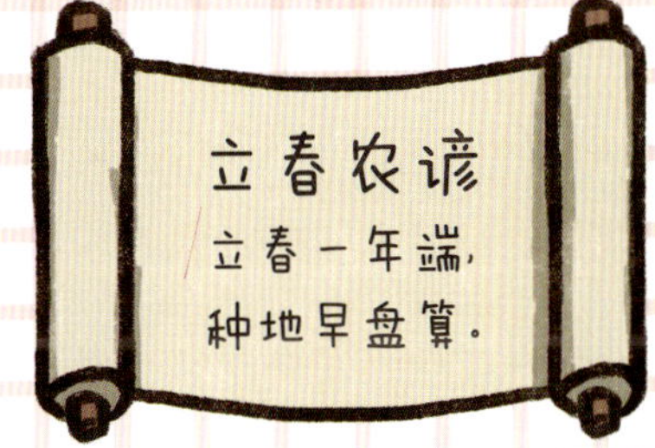

立春农谚

立春一年端，种地早盘算。

立春与农事

立春是一年的开始，过了这一天农民伯伯就要打算农活了。例如，准备耕田，准备好春播的种子、肥料。因为准备不足而耽误农时，那可是农民的大忌！一年之计在于春哪！

哈哈，我就爱过年，不仅热闹，还能收压岁钱！

过年——春节

与立春最接近的节日就是春节了。每年从腊月二十三或腊月二十四小年开始，人们就开始打扫卫生，准备过年吃的食物，如蒸馒头、炸果子、杀鸡宰鹅、蒸年糕等。除夕还要贴对联、吃年夜饭、放鞭炮、守岁、拜年，好不热闹。孩子们最喜欢的节日应该就是春节了。厚厚的压岁钱藏着自己的小秘密。啊哈！过年真好！

咏柳

［唐］贺知章

碧玉妆成一树高，万条垂下绿丝绦。

不知细叶谁裁出，二月春风似剪刀。

雨水

雨水节气前后，气温逐渐回升，雪花难以形成，雨水增多，所以叫“雨水”。人们常说：“立春天渐暖，雨水送肥忙。”这一天起，植物在雨水的滋润下茁壮成长。天气仍然忽冷忽热，外出还需要多穿衣服，免得伤风感冒。

雨水时间

每年公历的2月18日—2月20日中的一天起始，为期15天。

齐刷刷，大雁的队伍好整齐！

水獭祭鱼

候雁北

雨水三候

1. 水獭祭鱼：天气变暖，水中的鱼儿在水面上撒欢儿游泳。浑身长毛的水獭在水中捕捉到鱼便放到岸上，转眼工夫，便在岸上摆了几条，如同对上天的祭拜。

2. 候雁北：大雁是一种知时节的候鸟，秋季时，飞到南方过冬；雨水过后，北方逐渐变暖，大雁便排着整齐的队伍飞回北方。一会儿排成“一”字，一会儿排成“人”字。

3. 草木萌动：“千条线、万条线，落到水里看不见。”春雨悄无声息地落到地面上，滋润着万物，植物发出了嫩芽，大地一片绿色，一派生机勃勃的景象。

雨水这一天起，植物开始萌动了！

草木萌动

“占稻色”的习俗

啊！今年的爆米花全白了，稻谷一定能够丰收！

雨水这一天，我国一些地方有用糯米做爆米花的习俗，爆出来的爆米花越白越多，则代表今年的稻谷收获越好。这叫“占稻色”。这是多么美好的希冀哇！

雨水与农时

“雨水春雨贵如油，顶凌耙耘防墒流，多积肥料多打粮，精选良种夺丰收。”

雨水时节，农事活动比较多，需要抓紧越冬作物的管理，做好选种、春耕、施肥等与春耕有关的准备工作。

过了雨水，就要开始种土豆（马铃薯）了。这一时节，农事与季节正当时。

元宵节

踩高跷多好玩！我也要去！

雨水节气里会碰到元宵节。正月十五元宵节，大家喜气洋洋，家家户户张灯结彩，吃汤圆，闹元宵，划旱船、踩高跷、扭秧歌、赏花灯，猜灯谜，欢天喜地闹元宵！

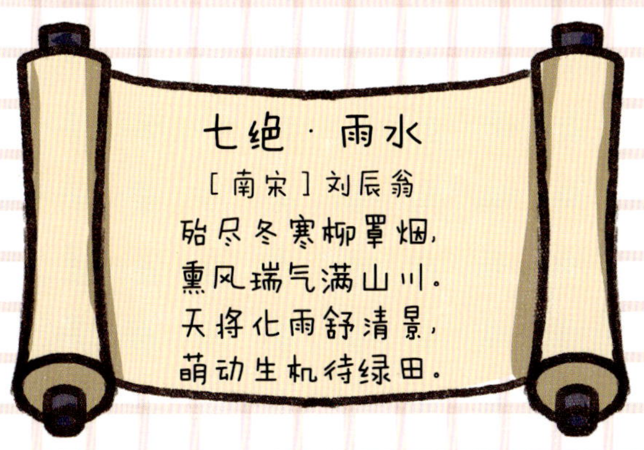

惊蛰

“轰隆隆”一声响，打雷了。“春雷惊百虫。”春雷响了，惊醒了在地下沉睡的青蛙、蛇、蚂蚁等动物，它们要冲出洞穴到地面活动了，结束冬眠，难怪叫“惊蛰”。“春雷响，万物长。”春雷响了，意味着惊蛰到了，气温明显升高，雨水更多了，植物开始生长。

惊蛰时间

每年公历的3月5日—3月7日中的一天起始，为期15天。

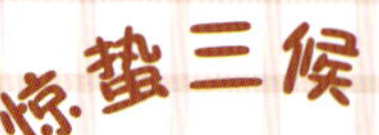

1. 桃始华：桃树上的花苞开始绽放，红彤彤的桃花一朵朵，挂满枝头。春风一吹，上下晃动，散发着诱人的花香。

2. 仓庚鸣：仓庚，即黄鹂，已经感受到了春天的气息，振翅高飞，栖息枝头，高声地叫着，声音洪亮，悦耳动听，似乎在提醒人们春天来了！

3. 鹰化为鸠：惊蛰前后，人们很少看到鹰的影子，却发现鸠多，认为是鹰变成了鸠。其实，鹰是到了繁殖期，下蛋后，便悄悄孵起蛋来；而鸠则是进入了求偶期，时常不停地叫着。

简直是桃花的海洋！

桃始华

仓庚鸣

现在的鹰怎么很少见了呢？

鹰化为鸠

走，到理发店理发去！看能不能拥有好运气！

龙抬头

传说，农历二月二日在惊蛰前后，春雷把冬眠的龙给惊醒了，龙抬起头，开始履行自己降雨的职责。民间有“二月二，龙抬头”的说法。人们认为，这一天到理发店理发，能够拥有好运气。

嘻嘻，有意思极了！

祭白虎的传说

传说，惊蛰会把白虎搬弄口舌是非的神惊醒，出来作恶。人们为了保平安，便画一只纸老虎，嘴里画上獠牙，到庙里祭白虎，往它嘴里涂猪油，让它吃饱，不再伤害人。

惊蛰与农事

“过了惊蛰节，春耕不能歇”“雨水早，春分迟，惊蛰育苗正适时”“惊蛰不过不下种”。

到了惊蛰，一定要把春地耕好。惊蛰前后，正是育苗的好时机，所以要抓紧农事。过了惊蛰之后，就可以下种了。

惊蛰日雷

[宋]仇远

坤宫半夜一声雷，蛰户花房晓已开。
野阔风高吹烛灭，电明雨急打窗来。
顿然草木精神别，自是寒暄气候催。
惟有石龟并木雁，守株不动任春回。

春分

“春分秋分，昼夜平分。”也就是说，春分与秋分节气昼夜时间平分，白天与黑夜各占12小时。春分这一天过后，昼长夜短，整个春天也已经过了一半，但我国北方一些地区还是比较寒冷的。

春分时间

每年公历的3月20日—3月21日中的一天起始，为期15天。

玄鸟至

春分三候

1. 玄鸟至：玄鸟是指燕子。春分时节，燕子会从南方飞回来，回到去年的旧巢，并对旧巢加以改造。它是春的使者，似乎对人们说“春天来了”。

2. 雷乃发声：春分前后，会传来“轰隆隆”的雷声。细雨滋润着大地。

3. 始电：春分以后，不仅能听到雷声，还能看到天空中的闪电。闪电像一条银光闪闪的巨大长鞭，在天空中挥舞。

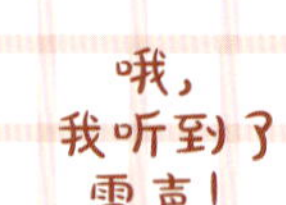

雷乃发声

始电

春分“竖蛋”

春分这一天，民间有把鲜蛋拿来竖的习俗。这也是人们喜闻乐见的一种游戏。据说，这一天把鸡蛋大头的一端朝下，就很容易竖起来，所以有“春分到，蛋儿俏”的说法。

春分吃春菜

春分这一天，人们会到田野里挖一种嫩的野苋菜，与鱼熬成汤喝。有这样的顺口溜：“春汤灌脏，洗涤肝肠。阖家老少，平安健康。”以求家宅安宁，身壮力健。

春分与农事

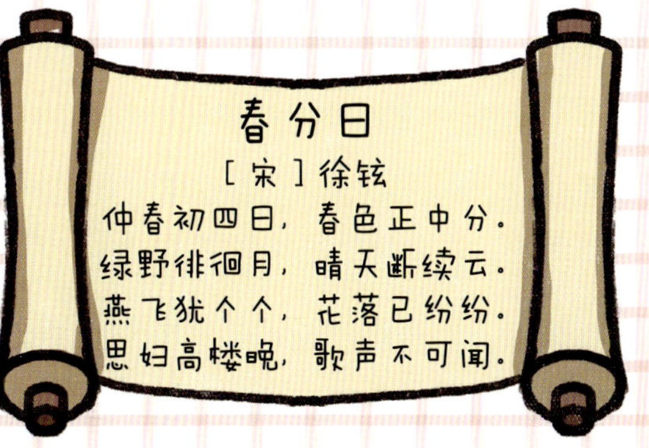

春分日

［宋］徐铉

仲春初四日，春色正中分。

绿野徘徊月，晴天断续云。

燕飞犹个个，花落已纷纷。

思妇高楼晚，歌声不可闻。

“春分有雨家家忙，先种瓜豆后插秧”（湖北）、“春分种菜，大暑摘瓜”（湖南）、“春分种麻种豆，秋分种麦种蒜”（安徽）。过了春分，农民伯伯就开始播种不同作物，大家忙得不亦乐乎。

是啊，春季过半，气候转暖，白天时间渐长，黑夜时间变短。麦子生长迅速，开始起身，难怪有“麦过春分昼夜忙”“春分麦起身，一刻值千金”的农谚。

清明

清明，既是节气，又是节日。在清明节，人们最重要的事情就是扫墓了。家人们来到亲人的坟前，除掉杂草，覆盖新土，摆上贡品，压上纸钱，以寄托自己的哀思。

清明前后，气温升高，雨水增多，到处是一派春耕春种的繁忙景象。

清明时间

每年公历的 4 月 4 日—4 月 6 日中的一天起始，为期 15 天。

泡桐花，很特别！

1. 桐始华：桐，是一种桐树，种类比较多。泡桐树会在清明节开花，白而带紫的花儿大而惹眼。

2. 田鼠化为鴽：气温变暖，阳光明媚，在地上跑来跑去的田鼠害怕阳光刺眼，都躲到地下洞穴里去了。而鹌鹑成双成对沐浴在灿烂的阳光下，四处活动。它们则被人们认为是由田鼠变来的。

3. 虹始见：雨过天晴，阳光照射在空气中的雨滴上，形成了一道悬挂在天边的美丽彩虹，如同仙境一般。

桐始华

清明物候

春天第一次出现彩虹，应该是在清明前后！

哦，田鼠化为“鴽”原来是一种误解！

田鼠化为鴽

虹始见

清明踏青

清明时节，正是早春四月，春光明媚，气温升高，万物复苏，到处一副花红柳绿、春意盎然的样子。人们可以唤上亲朋好友，一起去感受大自然的美景。在外出时，我们可能会遇到踢蹴鞠的，类似于我们踢的足球，或者荡秋千的，人们的户外活动明显增多。

清明与农事

农谚说，“清明前后，点瓜种豆”“清明喂个饱（施肥），瘦苗能长好”“植树造林，莫过清明”。

到了清明，气温变暖，降雨增多，正是春耕春种、给作物施肥、植树的大好季节。所以清明对于古代农业生产而言是一个重要的节气。

又要种瓜种豆，还要给小麦施肥，人们忙得不亦乐乎！

我做梦都在放风筝！

清明放风筝

清明前后，正是放风筝的好时节。各种各样的风筝摇曳着飞上天，真是太有意思了！这样的活动谁不愿意参加呢！

清明

［唐］杜牧

清明时节雨纷纷，
路上行人欲断魂。
借问酒家何处有？
牧童遥指杏花村。

真是一个悲哀的故事！

寒食节的由来

寒食节在清明节的前一天。相传，春秋时期的晋文公重耳流亡在逃，途中饿晕了，大臣介子推弄不到食物，便割下大腿的肉给重耳吃。后来晋文公重耳成就大业后论功封赏，却忘了介子推。当重耳再想起时，介子推背着母亲已隐居在绵山不出来。重耳就放火烧山逼介子推出山，后来发现介子推和其母都已被烧死了。重耳在烧焦的柳树树洞里发现了题写“割肉奉君尽丹心，但愿主公常清明”的一首血诗。重耳十分伤心，将放火烧山的这一天定为寒食节，下令百姓这一天要禁烟火，只吃冷食。

谷雨

谷雨，是春季的最后一个节气。“清明断雪，谷雨断霜。”谷雨的到来，说明寒冷的天气结束了，气温升高，雨水增多，可以栽种各种谷类作物了。“雨水生五谷”，从这一天起人们开始水稻育秧，播种玉米、高粱、棉花等农作物，忙得不亦乐乎。

谷雨时间

每年公历的 4 月 19 日—4 月 21 日中的一天起始，为期 15 天。

浮萍的叶子挺怪的！

萍始生

谷雨物候

1. 萍始生：喜欢在水中生长的浮萍，因为雨水增多，逐渐在水面上生长起来。在田间、水塘都可以看到。

2. 鸣鸠拂奇羽：鸠，也就是布谷鸟，已经感受到了春天即将结束，梳理好羽毛，不停地挥动翅膀飞行，不时地发出“布谷……布谷……”的叫声，似乎在催着人们抓紧时间播种。

3. 戴胜降于桑：这一时节，桑树已经长出了桑叶，戴胜鸟飞到桑树上，捕捉害虫吃。似乎也在提醒蚕农，应该采集桑叶养蚕了。

鸣鸠拂奇羽

戴胜降于桑

香椿的味道
我喜欢！

谷雨吃香椿

到了谷雨，我国北方人有吃香椿的习俗。这个时节的香椿味香而鲜美，有着很高的营养价值。这也叫“吃春”。

哈哈，
谷雨茶好喝！

谷雨和茶

我国南方人喜欢在谷雨这天去采集茶树的嫩芽、嫩叶，制成谷雨茶。这谷雨茶可以自己品尝，也可以送人，意义可真不一般！

大家这样忙，
我要伸一把手，
加一把力！

谷雨与农事

“谷雨种棉家家忙”“清明高粱接种谷，谷雨棉花再种薯”“谷雨下秧，立夏栽”。

从这些有关谷雨与农事的谚语中足以看出谷雨在农业生产中的重要作用。

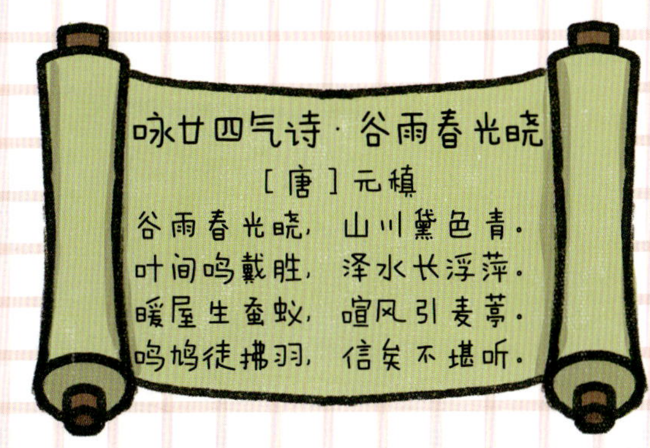
咏廿四气诗·谷雨春光晓

［唐］元稹

谷雨春光晓，山川黛色青。
叶间鸣戴胜，泽水长浮萍。
暖屋生蚕蚁，喧风引麦葶。
鸣鸠徒拂羽，信矣不堪听。

立夏

立夏，是二十四节气中的第七个节气，是进入夏天的开始。随着夏季的到来，气温升高，降雨增多，作物也到了疯狂生长的季节。当然，杂草也生长得很快，农民伯伯一点儿也不能大意，需要挥动锄头除掉田间杂草，还要忙别的农事。

立夏时间

每年公历的5月5日～5月7日中的一天起始，为期15天。

立夏三候

1. 蝼蝈鸣：蝼蝈也叫蝼蛄，生长在温暖潮湿的环境中。立夏到来，蝼蝈也开始鸣叫了。

2. 蚯蚓出：蚯蚓生长在地下，喜欢潮湿、透气的环境。到了夏季，一旦雨水变多，地下积水过多，缺少氧气，会影响蚯蚓的呼吸，蚯蚓就会钻出地面。

3. 王瓜生：王瓜在夏季会生长得很快，开始爬蔓，不久就会长大成熟了。

蝼蝈鸣

蚯蚓出

王瓜生

立夏吃蛋

“立夏吃蛋，石头踩烂”，意思是立夏吃蛋，人就很有劲儿。还有些地方认为，“立夏吃了蛋，热天不疰夏”。

立夏这一天还有斗蛋的民俗。两人分别将鸡蛋相撞，谁的先烂，谁就认输。

立夏称人

立夏称人这一风俗的形成，与刘备的儿子——阿斗有关。曹魏灭掉蜀汉后，阿斗成了俘虏。每年的立夏这一天，孟获都要去看阿斗，看是不是受虐待，便会称一下阿斗。后来这种行为被人们延续为祈求平安，增福增寿。

体重增加了，
叫发福；体重
减轻了，叫消
肉。哈哈，称
人有意思！

立夏与农事

立夏不要忘记
锄草！

“立夏三天遍地锄”，说明这时杂草生长很快，一天不锄草，三天就会积攒很多了。

“农时节令到立夏，查补齐全把苗控。”因此到了夏天，庄稼苗要齐，该补苗就要补齐，以便快速生长。

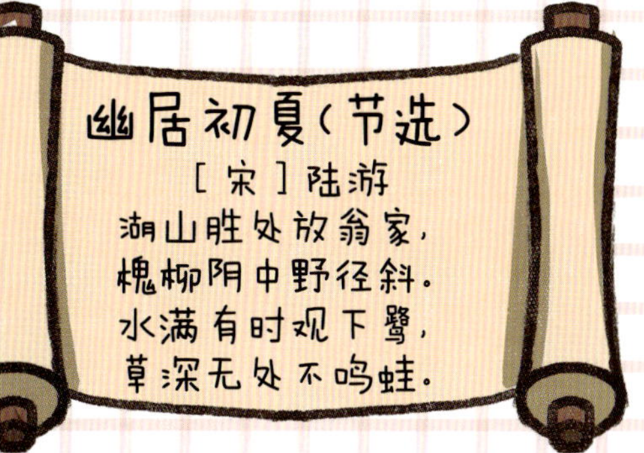

小满

“小满”这个词挺有趣，在我国北方和南方有着不同的含义。在北方，这一时节小麦、大麦逐渐饱满，但还没有成熟，只能认为是“小满”；在南方，“满”是指雨水充沛，“小满”说明真正的雨季还没有到来，要储蓄水，人们认为“蓄水如蓄粮，保水如保粮”。

小满时间

每年公历的5月20日～5月22日中的一天起始，为期15天。

1. 苦菜秀：小满时节，路边、地堰上的苦菜生长得嫩绿，这时候采挖是最合适的。苦菜可以蘸酱生吃，也可以凉拌。

2. 靡草死：小满前后，气温越来越高，光照越来越强，喜欢在阴处生长的靡草枯萎死亡了。

3. 小暑至：此时虽是夏天，但田地里的小麦、大麦却像秋天般顶着沉甸甸的麦穗进入成熟期。

小满物候

“小满动三车”中“三车”指的是丝车、油车、水车。在江南地区，小满时节，蚕茧已经结成了，需要丝车缫丝；油菜籽已经收获了，要用油车榨出清香的菜籽油；稻田里需要大量的水分，农民伯伯需要踏着水车，给田里的作物供水。

我看水车挺好玩！

小满动三车

祭车神

有趣的是，有些地方在使用水车时还要“祭车神”。传说，“车神”为白龙，农民在水车前，于车基上摆放鱼、肉、香烛等东西，祭品中还有一杯白水，祭时泼入田中，期盼水源涌旺。这些习俗表明了农民对水利排灌的重视。

祭车神有意思呀！

小满与农事

“小满不满，芒种不忙。”这说明小满时节，雨水对农作物的生长至关重要。

“小满不满，麦有一险。”这里的“一险”是指小麦刚进入乳熟阶段，非常容易遭受干热风的侵害，从而导致小麦灌浆不足，粒籽干瘪进而农作物减产。

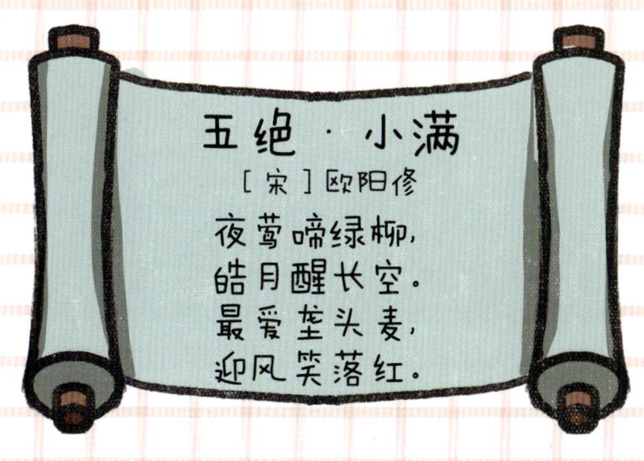

五绝·小满

[宋]欧阳修

夜莺啼绿柳，
皓月醒长空。
最爱垄头麦，
迎风笑落红。

芒种

芒种，有特别的含义。“芒”指的是有芒的作物，如小麦、大麦、水稻等；“种”是指种子，也指播种。在芒种节气里，既要收割，又要播种，所以叫“芒种”。应该说，这是一个大忙加特忙的节气。

芒种时间

每年公历的6月5日～6月7日中的一天起始，为期15天。

1. 螳螂生：去年雌螳螂产下的卵，到了芒种，条件适宜，小螳螂破壳而出，它们在田间地头爬来爬去，小昆虫都是它们的食物。

2. 䴗（jú）始鸣：“䴗”是伯劳的旧称，站在枝头叽叽喳喳叫个不停，还时常把捕到的猎物挂在有刺的树上，饿了再吃。

3. 反舌无声：到了芒种，雨天不断，模仿其他鸟叫的反舌鸟由于天气的原因，停止了鸣叫。

螳螂生

芒种物候

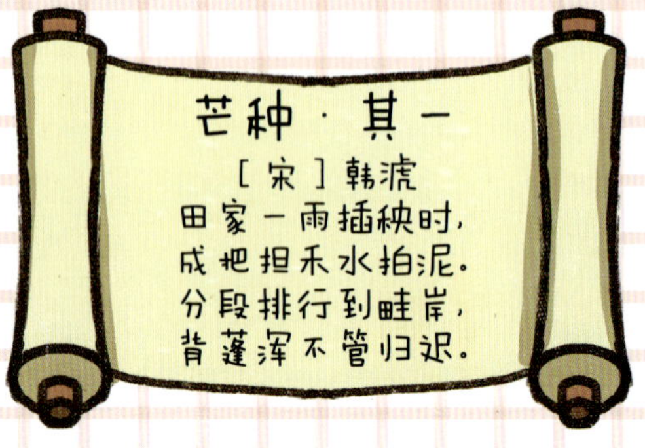

䴗始鸣

反舌无声

端午节的由来

农历五月初五是我国的传统节日——端午节。传说，端午节是为了纪念我国古代伟大的爱国诗人屈原。屈原是战国时期楚国的一位贤臣，就在楚国被秦军攻破后，农历五月初五这一天，屈原挥泪投汨罗江自尽了。楚国百姓纷纷向江里投放米团，希望鱼儿不要吃屈原的尸体。后来在这一天人们还发展出赛龙舟、吃粽子、挂艾草等风俗。

端午节吃粽子

端午节这一天，人们习惯用粽叶把经过浸泡的糯米包扎成粽子，再在锅里蒸熟，粽子吃起来香软可口。

端午节挂艾草

端午节这一天，人们会起大早采集艾草，分束挂在门上或插在门口，以驱邪、避蚊虫。

芒种与农事

“麦子入场昼夜忙，快打、快扬、快入仓”“芒种芒种，连收带种”。

芒种实在太忙了。小麦成熟，需要及时收割，打场、晒好、扬好、入仓，免得大雨来临造成损失。收割完小麦后，还要抓紧时间抢种，否则影响秋收。难怪谚语说：“夏种晚一天，秋收晚十天。”

夏至

夏至，是二十四节气中第十个节气。这个节气最古老，在二十四节气中是被最早确认的节气。夏至这一天是全球一年之中，白天时间最长、黑夜最短的一天。夏至是盛夏的起点，不久便会进入一年中最热的三伏天。气温高、湿度大、不时出现雷阵雨，是夏至后的天气特点。

夏至时间

每年公历的6月21日~6月22日中的一天起始，为期15天。

鹿角解

夏至三候

1. 鹿角解：“解”是脱落的意思。鹿角年年都在生长、死亡与脱落。到了夏至这个节气，鹿角就会自然脱落，第二年会再生长出来。

2. 蜩（tiáo）始鸣：在夏至前后，蝉开始从地下爬出羽化，在树上开始“知了，知了”地鸣叫。

3. 半夏生：半夏是一种喜阴的中药植物，到了夏至，会生长得很茂盛。

听到蝉鸣了吗？走，我们捕蝉去！

蜩始鸣

半夏生

夏至的由来

公元前7世纪，我们的祖先用土圭测日影的长度，发现夏至这一天，白天时间最长，日影最短，所以叫作“夏至”。

夏至吃面

海鲜味的过水面很好吃！

“吃过夏至面，一天短一线。”到了夏至，农民伯伯已经将小麦收到家里了，磨成面粉，吃一顿过水面，既庆祝丰收，又可尝鲜。夏至面又叫“入伏面”。从这之后，白天时间会逐渐变短，日影会每天变长一点儿。

夏至与农事

“夏至农田草，胜如毒蛇咬。”

“夏至不锄根边草，如同养下毒蛇咬。”

夏至时节，农田里的杂草和庄稼一样，都长得很快，杂草不仅与庄稼争水、争肥、争阳光，还会招引多种病菌和害虫，所以，夏至前后，要抓紧时间清除田间杂草。

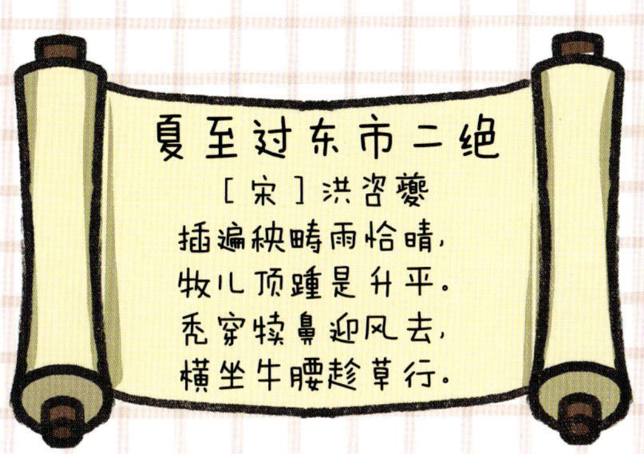

夏至过东市二绝

［宋］洪咨夔

插遍秧畴雨恰晴，
牧儿顶踵是升平。
秃穿犊鼻迎风去，
横坐牛腰趁草行。

小暑

小暑中的“暑”是炎热的意思，因为是小暑，就是小热。过了小暑，炎热开始来临。这个节气日照充足，会出现雷雨天气，是农作物生长旺盛的阶段。农民伯伯一边要给农作物除草，一边又要给棉花追肥、除害虫。天气炎热，他们也闲不着。

小暑时间

每年公历的7月6日~7月8日中的一天起始，为期15天。

温风至

1. 温风至：小暑时节，迎面扑来的风都是炎热的。阳光普照，温度升了起来，风也如一股股热浪一般。

2. 蟋蟀居壁：天气太热，蟋蟀悄悄躲到了人们庭院的墙角下避暑。

3. 鹰乃学习：由于地面气温太高，而高空中相对清凉，老鹰便带着羽翼渐丰的小鹰在高空中练习飞翔的本领。

小暑三候

蟋蟀居壁

鹰乃学习

小暑晒龙袍

传说农历6月6日，是龙宫里晒龙袍的日子，因为天气闷热，龙袍容易长霉。普通百姓也会选择在这天晒衣服、晒书。这叫“小暑晒霉正当时”呀！

小暑新食

进入伏天，气候炎热，人们的食欲不振。为了调节食欲，人们就会将刚收获不久的小麦磨成面粉，包饺子、蒸馒头吃。

或者挖点儿新鲜的莲藕煲汤喝，既可以清热，又可以降火，真是一件美事！

小暑与农事

“小暑前后种绿豆”“小暑南风十八天，坑里泥巴都晒干”“伏里无雨，谷里无米”。

小暑过后，还可以种绿豆，不要错过农时，否则，再晚就不好成熟了。如果小暑天旱不雨，将会影响农作物收成。

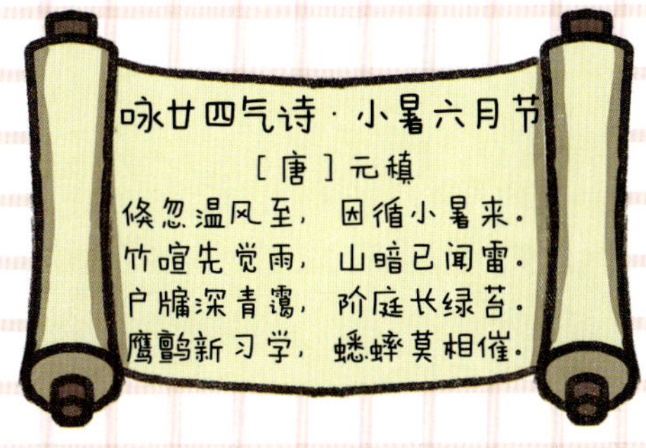

大暑

大暑，是夏季的最后一个节气，也是天气最闷热的时期。田间作物生长快，但暴雨也会不时突然来临。农民伯伯需要防涝防虫，还要防干旱。在我国江南一带，农民伯伯需要顶着高温收割早稻种晚稻，忙得不亦乐乎。

大暑时间

每年公历的 7 月 22 日 ~ 7 月 24 日中的一天起始，为期 15 天。

我要捉萤火虫当灯笼，在灯下来个囊萤夜读！

腐草为萤

大暑三候

1. 腐草为萤：腐草是指枯草，古人认为萤火虫是由枯草变来的。其实，是萤火虫将卵产于枯草上，等到大暑节气，便由卵孵化成萤火虫，在空中飞舞。

2. 土润溽暑：溽是闷热、湿润的意思。大暑时节，土壤的湿度大，天气闷热，也是空气最潮湿的时候，已经进入“中伏”。

3. 大雨时行：大暑是一年中气温最高的时期，当湿热的空气进入流云层，在高空遇冷，时常会降下大雨。转眼雨过天晴，会起到降暑的作用。

土润溽暑

大雨时行

大暑吃童子鸡

我要吃童子鸡，长身体！

童子鸡是指还不会打鸣的小公鸡，因体内含有一定的生长激素，对孩子还有中老年人有补益作用。大暑吃童子鸡正当时。

吃仙草，
不会老吧？

大暑吃仙草

我国广东等地在大暑时节里，有吃仙草的习俗。仙草又叫凉粉草、仙人草，是重要的药食两用植物，具有神奇的消暑功效。民谚说：“六月大暑吃仙草，活如神仙不会老。”

这个习俗好，
将瘟神送走，
保平安！

大暑送船

在我国浙江台州湾一带，有“送大暑船”的习俗。在大暑这一天，用特制木船将供品送至椒江口外，意思是送走瘟疫，祈求平安。

大暑半年节

在我国台湾及福建地区，有过半年节的习俗。大暑为农历的6月，正是全年的一半。这一天要过半年节。

大暑与农事

大暑

［宋］曾几

赤日几时过，清风无处寻。
经书聊枕籍，瓜李漫浮沉。
兰若静复静，茅茨深又深。
炎蒸乃如许，那更惜分阴。

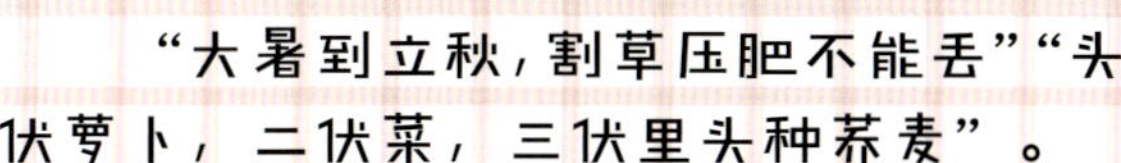

“大暑到立秋，割草压肥不能丢”“头伏萝卜，二伏菜，三伏里头种荞麦”。

这些农谚，提示农民伯伯从大暑开始到立秋要割草积肥。同时，提醒人们注意种萝卜、菜和荞麦的时间。

立秋

立秋，是秋季的第一个节气。立秋之后，炎热逐渐消退，秋凉就要来了。水稻、玉米已经到了成熟期，快进入秋收时节。中午还是比较热，但早晚是比较凉爽的，这样短期回热的天气又被称为“秋老虎”。立秋，正处在三伏之中，有“三伏不到，秋来到”的谚语。

立秋时间

每年公历的8月7日～8月9日中的一天起始，为期15天。

立秋三候

1. 凉风至：立秋之后，虽然白天温度还比较高，但在早晚时间能明显地感到凉爽了。

2. 白露降：白天与夜间的温差比较大，所以在早晨时，空气中的水蒸气会形成一层白雾，凝结在室外的植物上，形成一串串晶莹的露珠，很好看。

3. 寒蝉鸣：随着秋天的来临，白天，寒蝉在树上小声地叫着，时间短促，似乎不再像夏天那样高声“唱歌”了。

凉风至

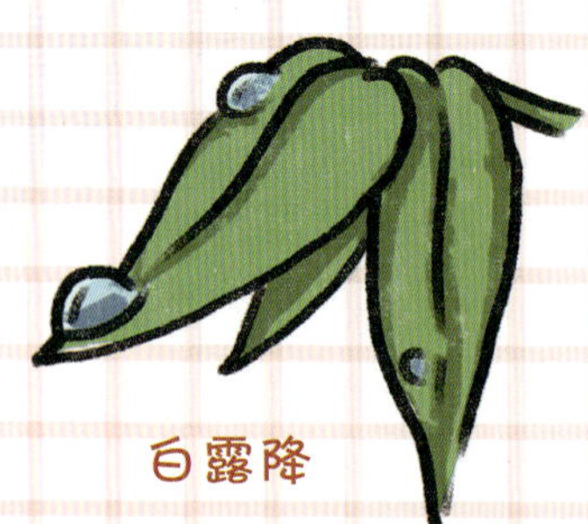
白露降

寒蝉鸣

立秋贴秋膘

在立秋这一天，人们要吃一顿营养比较丰富的食物，如红烧肉等，弥补一下夏季“苦夏”对身体的消耗。

立秋“摸秋”

立秋晚上，结婚没有生宝宝的妇女，在小姑或其他女伴的陪伴下，可以到田地里的瓜架下、豆棚下，在黑暗中摘瓜、摘豆，这叫“摸秋”。当摸到南瓜，意味着生男孩；摸到扁豆，意味着生女孩；摸到白扁豆更吉利，除生女孩外，还意味着夫妻白头到老。

七夕节

农历7月7日是七夕节，又叫乞巧节，这个时间正处在立秋前后。这个节日来源于牛郎织女的爱情故事。相传，只有这一天晚上，牛郎和织女才能见面。喜鹊被它们的爱情深深感动了，便飞到天河上给他们搭桥，让牛郎和织女在天河上相见。据说，人们这天晚上躲在葡萄架下，就可以听到他们窃窃私语呢！七夕节这天，很难见到喜鹊，倒是事实。

立秋与农事

“立了秋，挂锄钩”，意味着杂草不再生了，庄稼不用锄了。

“立秋荞麦白露花，寒露荞麦收到家。”荞麦是一年生草本植物，喜欢凉爽湿润的环境。它不耐高温旱风，畏霜冻，生长期短，在立秋种上后，在寒露便可收到家。

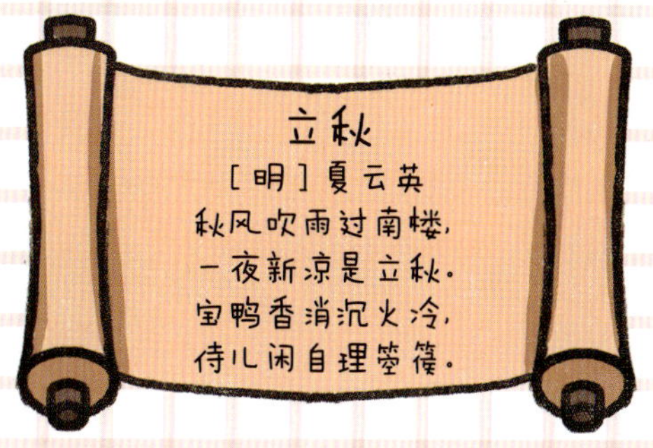

处暑

处暑，“处”是结束的意思，“处暑”表明炎热的夏天结束了，天气由炎热逐渐变得凉爽起来。此时，农作物也快到收获的季节了。从处暑开始，我国大部分地区，白天温度比较高，早晚较凉，昼夜温差更大。

处暑时间

每年公历的 8 月 22 日 ~ 8 月 24 日中的一天起始，为期 15 天。

1. 鹰乃祭鸟：这个节气，天气逐渐凉爽，老鹰开始大量捕杀其他鸟类，并把捕到的猎物排成一列，就像祭祀一样，然后再吃。

2. 天地始肃：气温逐渐下降，很多植物停止了生长，叶子开始发黄，景色变得萧条，寒气渐起。

3. 禾乃登：“禾”指的是谷类的总称，“登”是成熟的意思，这个节气，谷类等作物开始成熟了，可以准备收割了。

这让我想起了雨水时节的水獭祭鱼，它们是不是串通好了?！

鹰乃祭鸟

谷类成熟了，农民伯伯就放心了！

处暑三候

叶子发黄，渐渐开始落叶了！

天地始肃

禾乃登

中元节

处暑前后正值农历 7 月 15 日的中元节。这一天，人们把祭品摆放好，以祭拜祖先。晚间把扎好的灯笼放到河里，以悼念已故的亲人。

处暑吃鸭子

处暑之后，气候慢慢干燥起来，人的皮肤、口鼻也会变得干燥。因为鸭子味甘性凉，吃鸭子正好能够将体内的湿热排出来。

处暑与农事

“处暑不种田，想种等来年”“过了处暑不种秋，就是种上也不收”。

过了处暑，天气逐渐变凉，不再种庄稼了，农民伯伯不用为种地操劳了。

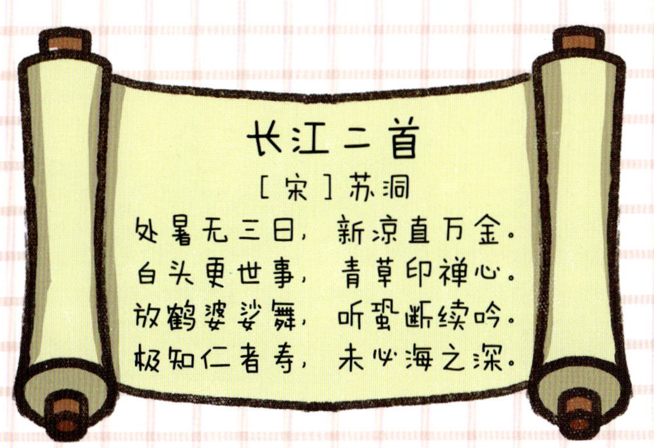

长江二首

［宋］苏泂

处暑无三日，新凉直万金。
白头更世事，青草印禅心。
放鹤婆娑舞，听蛩断续吟。
极知仁者寿，未必海之深。

白露

白露过后，天气转凉，早晨可以看到户外植物上有晶莹剔透的露珠。这个节气，天高气爽，云淡风轻，早晚温差最大。谷类可以收割了，瓜果丰收在望，小麦也可以播种了，农民伯伯终于迎来了收获和播种的季节。

白露时间

每年公历的 9 月 7 日 ~ 9 月 9 日中的一天起始，为期 15 天。

鸿雁来

白露三候

1. 鸿雁来：鸿雁，是指大雁。白露之后北方的天气变凉了，大雁早已感知到了，便成群结队地纷纷飞往南方。

2. 玄鸟归：玄鸟，是指燕子。白露之后，天气凉爽了，燕子抓紧时间，跟家人一起告别原来的窝巢，飞向温暖的南方过冬。

3. 群鸟养羞：“养”是指储存，“羞”通“馐”是指美味的食物。白露之后，天气凉爽，意味着不久后寒冷的冬天就要来临，很多鸟儿，如喜鹊、斑鸠等纷纷储存过冬的食物，如粮食或干果。

玄鸟归

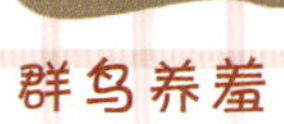
群鸟养羞

白露祭禹王

白露时节，也是我国江苏太湖人祭禹王的节日。传说中的治水英雄禹王，曾疏通了三江，治理了水患，把危害百姓的鳌鱼压在太湖湖底。太湖湖畔的渔民称禹王为“水路菩萨”。每年的白露这一天，人们都要举行盛大的祭奠活动，以祈祷禹王保丰收和平安。

在祭禹王的同时，我国有些地方还祭土地神、花神、蚕花姑娘、门神、宅神、姜太公等。

白露吃龙眼

我国福州有个传统习俗，“白露必吃龙眼”。人们认为白露这一天吃龙眼有大补，对身体有奇效，吃一颗龙眼相当于吃一只鸡那么补，便纷纷吃起龙眼来。

我国有些地方还有白露喝茶的习俗。

白露与农事

“别说白露种麦早，要是河套就正好”“白露种高山，寒露种平川”（种小麦）。

“白露秋分夜，一夜凉一夜。”过了白露，天气变凉，农民伯伯需要抓紧时间播种小麦。

白露

［唐］杜甫

白露团甘子，清晨散马蹄。
圃开连石树，船渡入江溪。
凭几看鱼乐，回鞭急鸟栖。
渐知秋实美，幽径恐多蹊。

秋分

秋分，这一天和春分一样，白天和黑夜平分，时间一样长。再过几天，北半球白天时间会更短，黑夜会更长，昼夜温差逐渐变大，进入了“一场秋雨一场寒”的时令。这时，稻谷、棉花、芝麻等秋收作物都已经成熟了。秋收、秋耕、秋种的“三秋”大忙季节开始了。

秋分时间

每年公历的 9 月 22 日 ~ 9 月 24 日中的一天起始，为期 15 天。

1. 雷始收声：秋分之后，降雨减少，温度变低，形成雷声的条件没有了，因而大家也听不到雷声了。

2. 蛰虫培户：秋分之后，天气转凉，准备蛰伏冬眠的小动物开始躲到了洞穴里面。为了安全过冬，它们还把洞口用细土遮挡起来。

3. 水始涸：秋分之后，因为降雨减少，气候干燥，小河水位下降，一些小水塘或浅表潮湿的地方开始干涸了。

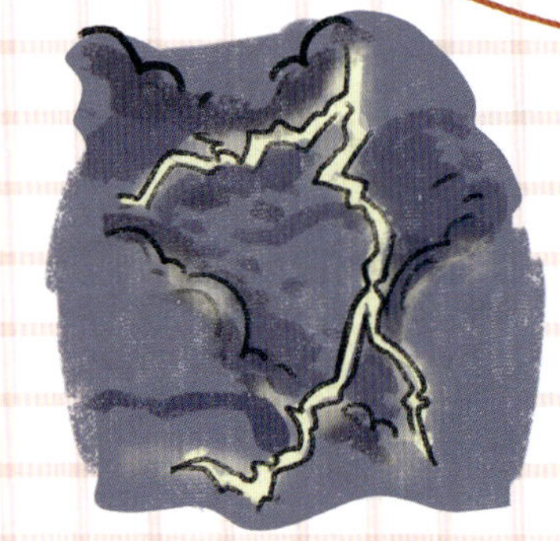
雷始收声

秋分三候

蛰虫培户

水始涸

中国农民丰收节

2018 年 6 月 17 日，《国务院关于同意设立“中国农民丰收节”的批复》发布，同意自 2018 年起，将每年秋分设立为“中国农民丰收节”，节日活动主要有文艺会演与农事竞赛等。

中秋节

每年的农历 8 月 15 日是中秋节，也是与秋分最近的节日。这天晚上，全家人一起赏月、吃月饼，因而又叫“团圆节”。我国有些地方还有赏花灯、舞火龙的习俗。

吃月饼的由来

吃月饼习俗的来历不简单！

据说元朝末年，汉人打算团结起来，推翻元朝的统治。明朝的开国元勋刘伯温想出了一条妙计：说今年冬季要流行瘟疫，家家户户要在中秋节买月饼来吃才能避免传染。当中秋节吃月饼时，人们发现每个月饼里都有一张纸条，写着：“中秋节，杀鞑子，迎义军！”于是，人们在中秋节这天团结起来，杀了鞑子，发动了起义。中秋节吃月饼的习俗就这样流传下来。

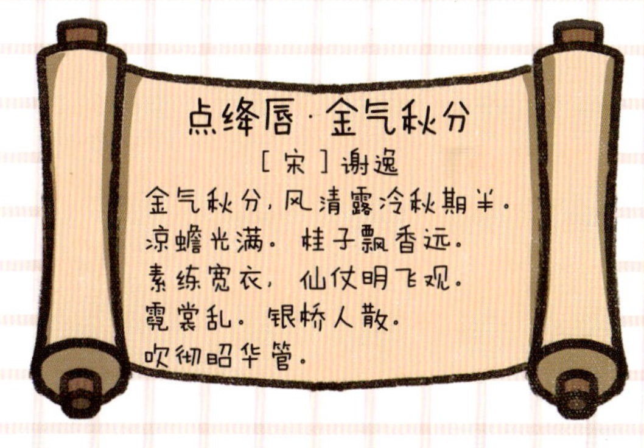
点绛唇·金气秋分

[宋] 谢逸

金气秋分，风清露冷秋期半。
凉蟾光满，桂子飘香远。
素练宽衣，仙仗明飞观。
霓裳乱，银桥人散，
吹彻昭华管。

送秋牛

秋分时节，我国有些地方有挨家送秋牛图的习俗。“秋牛图”是在二开红纸或黄纸上印上全年农历节气，以及农夫耕田图样，寓意秋耕吉祥。当然，这是需要收取费用的。

秋分与农事

“白露早，寒露迟，秋分种麦正适时”“秋分过五，小麦入土”。这些农谚都说明了种小麦的时间。这是我国劳动人民在长期的生产实践中总结出来的经验。

寒露

寒露之后，气候明显转凉，夜里有寒冷的感觉，地面上的露水快结成霜了。这是一个让人心动的节气：枫叶红了，银杏叶、梧桐叶逐渐变成了金黄色，菊花飘香。

寒露时间

每年公历的 10 月 8 日 ~ 10 月 9 日中的一天起始，为期 15 天。

欢迎，欢迎，热烈欢迎！

寒露三候

1. 鸿雁来宾：寒露时又有一批鸿雁从北方飞向南方。那些在白露就飞到南方的鸿雁，以一副主人的模样迎接新客人的到来。

2. 雀入大水为蛤：寒露之后，天气逐渐变冷，雀鸟却不见了。这时人们会发现，海边出现了很多的蛤蜊，它们贝壳的条纹与颜色跟雀鸟的像极了。古人认为，这些蛤蜊就是雀鸟飞入大海变成的。其实，压根儿就不是！

3. 菊有黄华：寒露时节，菊花盛开了，有黄色的、白色的、紫色的、粉红色的……成为秋天一道美丽的风景。

鸿雁来宾

我爱菊花的美丽多姿！

哦，原来是古人弄错了！

雀入大水为蛤

菊有黄华

重阳节的由来

相传，东汉时有一个叫桓景的人，他的家乡发生了瘟疫，他的父母患病死后，桓景到东南山拜费长房为师，学习道术。当9月9日瘟魔又来到人间作恶时，费长房给了桓景一包茱萸叶、一瓶菊花酒，让他除恶。

桓景将茱萸叶发给村里的百姓，又让他们喝了一口菊花酒，便让他们到山上躲避瘟魔。桓景独自在山下与瘟魔搏斗，最后历尽艰难，终于杀死了瘟魔。后来，人们就把每年农历的9月9日定为重阳节，也叫菊花节、登高节。戴茱萸、喝菊花酒，是重阳节中不可缺少的活动。

寒露与农事

“哪有寒露不割谷”“劳动间隙把草割，不愁攒个大草垛”。

这些农谚说明，谷子应该在寒露之前割完。农民伯伯还要注意在空隙时间割草，以准备冬天喂牛或烧炕。

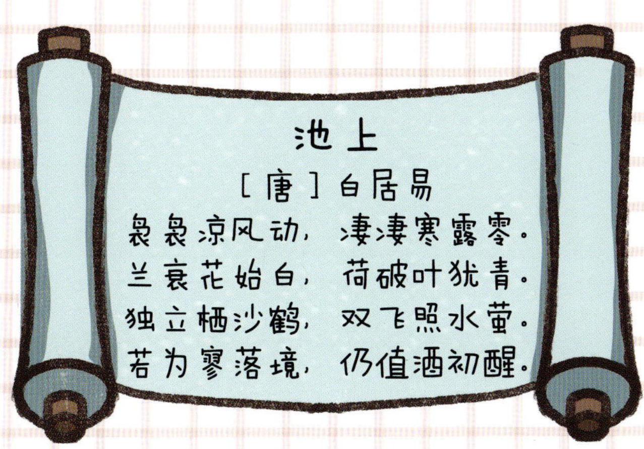

霜降

霜降，是秋季的最后一个节气。霜降之后，天气会越来越冷，开始有霜冻了。此时，正是观赏红叶的最佳时期。再往后，树叶铺满地面，树枝会光秃秃的。

霜降时间

每年公历的10月23日～10月24日中的一天起始，为期15天。

豺乃祭兽

1. 豺乃祭兽：过了霜降，一种叫豺的肉食动物，跟狗大小差不多，便开始准备过冬的食物，会把捕捉到的食物摆放在地上，看起来像祭祀一样。

2. 草木黄落：霜降之后随着天气逐渐寒冷，百草枯萎，树叶变黄随风飘落下来，地上铺了厚厚的黄叶。

3. 蛰虫咸俯：霜降之后，随着气温越来越低，冬眠的小动物趴在洞穴里不吃不喝，开始冬眠了。

霜降三候

草木黄落

蛰虫咸俯

霜降吃柿子的传说

传说，明朝开国皇帝朱元璋，小的时候家中贫困，无饭可吃，只好拿着打狗棍去讨饭。霜降这一天，两天没饭吃的朱元璋跌跌撞撞走到一个小村庄，忽然发现村边的一棵柿子树上结满了红彤彤的柿子。他使出浑身力气爬到树上，摘着柿子大吃起来，终于从阎王爷那里捡回了一条命。后来，朱元璋当了皇帝，一次在霜降这一天领兵再次路过那棵柿子树时，便爬到那棵柿子树上，脱下战袍，缓缓给柿子树披上，并封它为“凌霜侯”。这个故事在民间流传开了，就逐渐形成了霜降吃柿子的习俗。

霜降与农事

“霜降有霜，米谷满仓。”农谚告诉我们，到了霜降，粮食应该收到家了。

“处暑高粱，白露谷，霜降到了拔萝卜。”我国山东一带，到了处暑收高粱，到了白露收谷子，到了霜降应该拔萝卜储藏了。

“寒露早，立冬迟，霜降收薯正适宜。”这里的“薯”是指番薯，也称地瓜，霜降前后刨正合适。

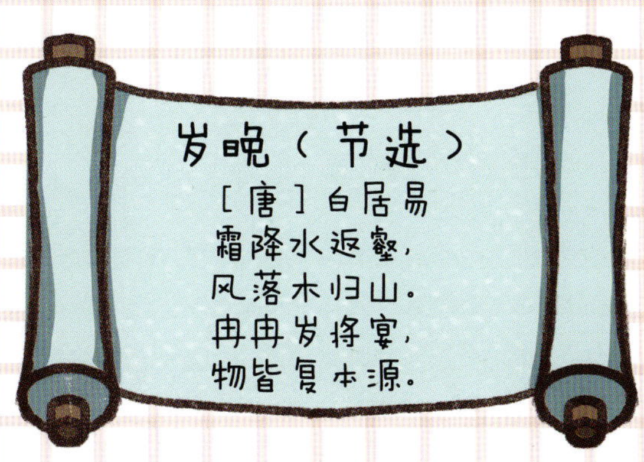

岁晚（节选）

［唐］白居易

霜降水返壑，
风落木归山。
冉冉岁将宴，
物皆复本源。

立冬

立冬，是冬天的第一个节气，意味着冬天的来临，气温将会越来越低，一天比一天冷。这时，秋季作物应该都收获入仓，冬眠的动物早已躲到洞里冬眠起来，进入了梦乡。

立冬时间

每年公历的 11 月 7 日 ~ 11 月 8 日中的一天起始，为期 15 天。

立冬起，河面的水开始结冰了，但还不能到冰上玩！

立冬三候

1. 水始冰：立冬过后，北方的河面上结了薄薄的一层冰，很冷的天气将要来临。

2. 地始冻：立冬过后，大地被冻得硬邦邦的。

3. 雉入大水为蜃：雉，是野鸡。蜃，是大蛤蜊。立冬之后，野鸡越来越少见了。但海边出现了越来越多的大蛤蜊，条纹和颜色跟野鸡的条纹相似，于是，古人认为，大蛤蜊是由飞入大海的野鸡变成的。当然，这是一种误解。

水始冰

地始冻

雉入大水为蜃

吃饺子

立冬这一天，我国北方人有吃饺子的习俗。饺子有"交子之时"的意思，立冬吃饺子，则表示秋冬季节的交替。猪肉馅、三鲜馅、羊肉馅的都可以，吃时蘸着蒜泥，十分可口。

补冬

秋收冬藏，立冬这一天，我国南方人有补冬的习俗，人们烹调鸡鸭鱼肉，如鸭子与姜、炖羊肉汤等，以便增强体质。

立冬与农事

"立了冬，把地耕，能使土里养分增""冬耕深，出黄金"。

这些农谚说明了立冬后耕地的重要性。

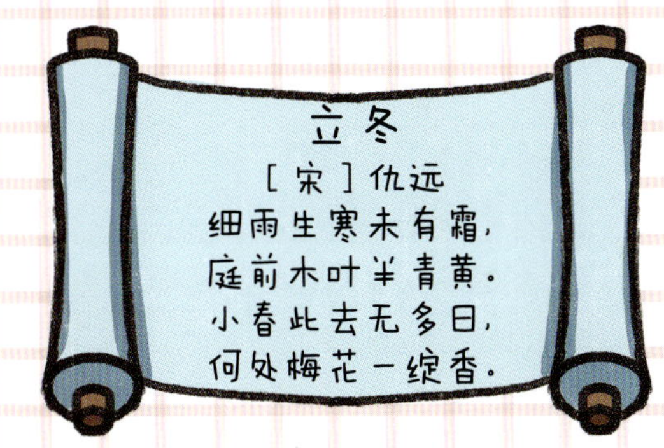

立冬

[宋]仇远

细雨生寒未有霜，
庭前木叶半青黄。
小春此去无多日，
何处梅花一绽香。

小雪

小雪，比立冬的气温更低，我国北方地区气温逐渐降到0℃以下，有些地方开始降雪，因为是小雪时节，降雪不是很大，有时是雨夹雪。在北方有些地方已进入封冻季节。

小雪时间

每年公历的11月22日～11月23日中的一天起始，为期15天。

小雪之后，美丽的彩虹与我们说拜拜了！

虹藏不见

1. 虹藏不见：小雪之后，北方的温度迅速下降，降雪多了，不再下雨，雨后彩虹当然不见了。

2. 天腾地降：小雪之后，天空阳气上升，地下阴气下降，出现阴阳不交，天地不通，万物失去了勃勃生机。

3. 闭塞而成冬：小雪之后，天气寒冷，大地满是冰雪，人们出行受阻，闭塞在家里，正所谓“闭塞成冬，万物不通”。

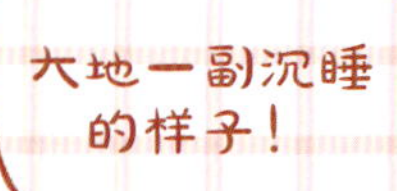

天腾地降

闭塞而成冬

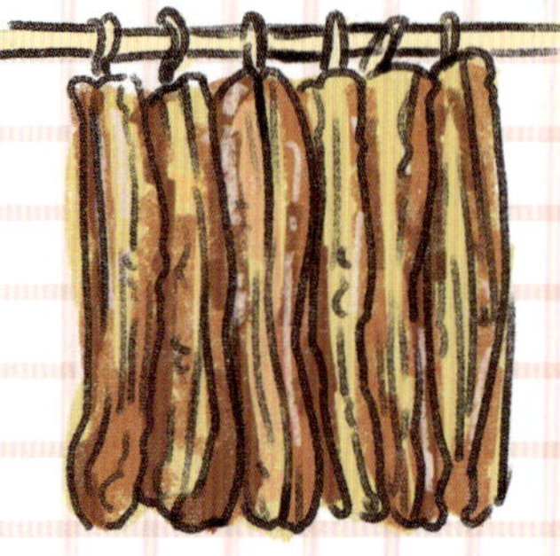

小雪做腊肉

小雪时节，天气冷而干燥，正是做腊肉的好时候，人们纷纷把腌制好的腊肉放到屋檐下，让风自然吹干，便于储存，到第二年春天再食用。

小雪吃糍粑

我国江南水乡一带有小雪吃糍粑的习俗。糍粑是把泡好的糯米煮熟，放到石槽里用木槌使劲捣成泥状制作而成，油煎、油炸都可以。糍粑柔软细腻，很好吃。

小雪储菜

小雪时节，人们会挖好菜窖，把白菜储藏起来，免得冻坏，以便过冬食用。其实，菜窖里还可收藏萝卜、番薯、冬瓜、大葱、南瓜等。要把窖口盖好以防冻。

小雪与农事

“小雪雪满天，来年必丰收。”雪水能够抗寒防旱，增强土壤的肥力。

“小雪收葱，不收就空。萝卜白菜，收藏窖中。”到了小雪，要把葱、萝卜、白菜收藏起来，留着冬天食用。

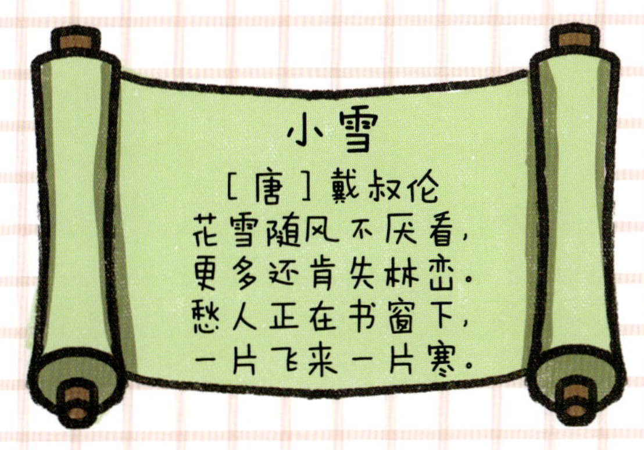

大雪

大雪，因天寒地冻、大雪纷飞而得名。这个节气，降雪会增多，天气会变得越来越冷。在我国北方，已是“千里冰封，万里雪飘”的严冬了。雪天，可以堆雪人、打雪仗、滑雪等，是小朋友们最快乐的玩雪时光，但应注意防寒保暖。

大雪时间

每年公历的 12 月 6 日 ~ 12 月 8 日中的一天起始，为期 15 天。

鹖旦不鸣

大雪三候

1. 鹖（hé）旦不鸣：鹖旦又叫寒号鸟，是一种会滑翔的啮齿动物，学名叫复齿鼯鼠，它是昼伏夜出动物。到了大雪时节，天气寒冷，喜欢在夜里叫的寒号鸟不再鸣叫了。

2. 虎始交：到了大雪时节，老虎积极寻找配偶，想孕育虎宝宝，延续后代。

3. 荔挺生：荔挺是一种野生的小草。在大雪时节，荔挺竟能不畏严寒，长出新芽，同寒冷顽强地搏斗着，傲视风雪。

虎始交

荔挺生

大雪喝番薯粥

到了大雪，有些地方有喝番薯粥（即红薯粥、地瓜粥）的习俗。番薯粥富含营养，可以提高身体免疫力。

腌肉好吃，
但要少吃！

大雪腌肉

大雪腌肉是我国一些地方的习俗之一。“小雪腌菜，大雪腌肉。”腌肉是比腊肉更耐放的一种肉制加工食品，它可以放半年之久。

冰河上滑雪有
意思呀！

大雪观封河

“小雪封地，大雪封河。”大雪时节，天气非常寒冷，河水都封冻了，结了厚厚的冰。人们可以一边欣赏封河的风景，一边在河面上溜冰、堆雪人等，会玩得十分开心。

大雪与农事

“瑞雪兆丰年。”这说明了瑞雪与明年丰收的关系，大雪保证了土壤水分的供给。

“大雪纷纷落，明年吃馍馍。”大雪时节，大雪降落，明年小麦将有好收成，可以吃上馍馍——馒头。

大雪

［宋］曾交

万象晓一色，皓然天地中。
楚山云母障，汉殿水精宫。
远近梅花信，高低柳絮风。
吟魂清不彻，和月上晴空。

冬至

冬至，既是我国的传统节日，也是二十四节气之一。冬至这一天，北半球白天最短，黑夜最长。过了这一天，白天会越来越长，黑夜会越来越短，同夏至正好相反。“吃了冬至面，一天长一线”，过了冬至，气温还会继续下降，逐渐进入数九寒天，也是我国各地区最为寒冷的时间。

冬至时间

每年公历的 12 月 21 日 ~ 12 月 23 日中的一天起始，为期 15 天。

冬至三候

1. 蚯蚓结：冬至时节，天气寒冷，土中的蚯蚓被冻得蜷缩着身体，几条交缠在一起，结成块状。

2. 麋角解：麋鹿，它“角似鹿非鹿，头像马非马，身似驴非驴，蹄似牛非牛”，又叫“四不像”。每年的冬至，麋鹿的角会自然脱落。

3. 水泉动：冬至这一天，没有结冰的山泉水，感受到阳气，会缓缓流动。

蚯蚓结

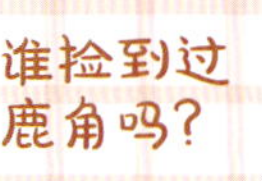

麋角解

水泉动

九九消寒歌

一九二九不出手，
三九四九冰上走。
五九六九，看杨柳。
七九河开，八九雁来。
九九加一九，耕牛遍地走。

冬至吃萝卜

冬至吃萝卜最滋补了。萝卜有祛痰、止咳、解渴的作用。冬天多吃一点儿萝卜，可以预防疾病，有利于身体健康。正所谓：“冬至的萝卜赛人参。”大冷天里，家人围在一起喝一碗萝卜汤，该是多么幸福哇！

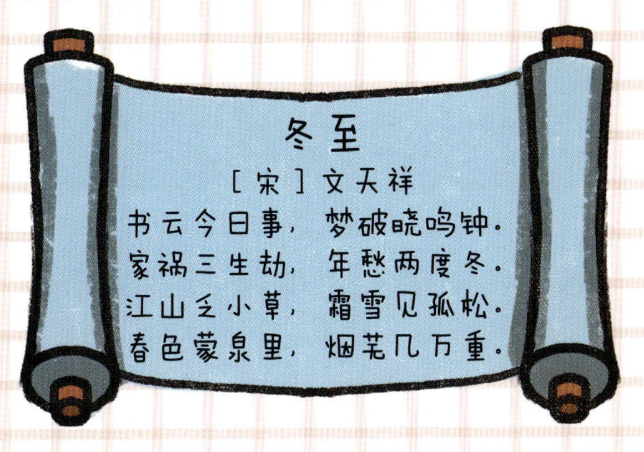

冬至

［宋］文天祥

书云今日事，梦破晓鸣钟。
家祸三生劫，年愁两度冬。
江山乏小草，霜雪见孤松。
春色蒙泉里，烟芜几万重。

冬至吃饺子的由来

传说，东汉时期一年冬天，张仲景在回家的路上，看到许多穷苦百姓的耳朵生冻疮。就在冬至这一天，张仲景和弟子一起搭建棚子，把煮熟的羊肉和辣椒剁碎，用面皮把这些馅包成耳朵状的“娇耳”，再继续加热煮熟，分给穷苦百姓吃，没想到竟治好了大家的冻疮。老百姓为了纪念他，从此就有了冬至吃饺子，不会冻掉耳朵的说法。

正所谓：“冬至不端饺子碗，冻掉耳朵没人管。”

冬至与农事

“冬至天气晴，来年百果生”“冬至强北风，注意防霜冻”。这说明冬至天气的不同与农业生产有着密切的关系。

“冬至节令天，嫁接桃李奈。”冬至时节，可以嫁接一些桃树、李子树等果树。

小寒

小寒，进入“三九”前后，正是开始进入一年中最寒冷的日子，但天气还没有冷到极点。小寒时节，不少花卉如水仙、腊梅、山茶竞迎着寒冷绽放了。我国最北边的地方如吉林、黑龙江等地还会出现雾凇等景观。

小寒时间

每年公历的1月5日～1月7日中的一天起始，为期15天。

雁北向

小寒三候

1. 雁北向：小寒之后，虽然还是天寒地冻，气温很低，但春天的脚步已经近了。这不，南迁的大雁已经感知到了，便纷纷从南向北迁移。

2. 鹊始巢：小寒之后，喜鹊也感知到了春天的气息，在光秃秃的树枝上，开始衔枝筑巢，为很冷的北方增添了新的活力。

3. 雉始雊（gòu）：雊，是叫的意思。从小寒开始，野鸡等一类大鸟因感受到了春天的气息，在田野里叫个不停。

鹊始巢

雉始雊

泡制腊八蒜

据说，在腊八节这天用醋泡蒜，蒜特别辣，醋特别酸，味特别好。具体的做法是，把剥好的蒜放进瓶子里，倒上醋，加盖密封保存，直到大蒜变绿，即可开封食用。腊八醋也可以吃，还可以就着饺子吃，好美味呀！

腊八节的由来

每年农历的十二月初八是腊八节。传说，佛祖释迦牟尼本是古印度的一名王子，在修炼成佛前，已经苦修了8个年头。一次因饥饿、劳累晕倒在河边，幸好一位牧羊女遇到相救，她用五谷杂粮和牛乳熬成粥给他吃。他吃后，觉得这粥香甜可口，神清气爽，便盘在菩提树下继续修炼，修炼七天七夜突然顿悟成佛。恰巧的是，这一天正好是腊月初八。他的弟子们为了纪念这个日子，每年在腊八这天熬粥布施，因此腊八节也叫“佛成道节”。

多好的腊八粥，真好喝！

腊八粥

熬腊八粥，最少要放入8样食材，如百合、桂圆、红枣、核桃、薏米、果子、莲子和花生等。

小寒与农事

“腊月大雪半尺厚，麦子还嫌被不够。”麦苗需要大雪覆盖，这样可以保暖、防冻、保水，利于麦苗的生长。

“林木果树看管好，腊月栽桑好时候。”不同的树木都有不同的栽培季节，腊月栽桑树时间最好。

腊八

[清]夏仁虎

腊八家家煮粥多，
大臣特派到雍和。
对慈亦是当今佛，
进奉熬成第二锅。

大寒

大寒，是冬季的最后一个节气。这时，风大低温，冰雪不化，河面冰坚硬厚实，要注意防寒保暖。过了大寒，很多的民俗和节日都到来了，如祭灶、春节等。大家忙着写春联、剪窗花、买鞭炮，都在为春节做准备。

大寒时间

每年公历的 1 月 20 日 ~ 1 月 21 日中的一天起始，为期 15 天。

小鸡，小鸡，真可爱！

鸡始乳

大寒三候

1. 鸡始乳：大寒时节，天气虽然寒冷，但母鸡受到阳气的熏陶，开始孵化起小鸡了。

2. 鸷鸟厉疾：大寒时节，虽然天气寒冷，但凶猛的鸟如鹰、雕等仍在高空中盘旋飞翔，寻找地上的食物充饥，以获取能量抵御寒冷。

3. 泽腹坚：大寒是一年之中最寒冷的时节，整个水域中央都结成了冰，冰层很坚实。

水库也结冰了，为了安全，不要到冰面上滑冰！

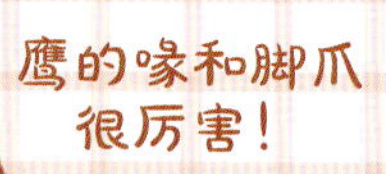

鹰的喙和脚爪很厉害！

鸷鸟厉疾

泽腹坚

哦，不敢得罪
灶王爷！

祭灶的由来

腊月二十三日正值大寒节气，家家户户都要祭灶。传说，灶王爷是掌管百姓灶火的神仙。人们为了向灶王爷祈福，以期来年风调雨顺，获得农业大丰收，便摆上丰富的贡品，烧香祭拜灶王爷。就这样流传成俗，一直延续下来。有些地方也把这一天叫小年。到了小年这一天，家家户户打扫庭院、贴窗花，欢欢喜喜迎新年。

迎新年
乐呵呵！

赶年集

随着春节的来临，人们也在紧锣密鼓地准备着。叫上几个朋友嘻嘻哈哈一起赶年集。买来春联、鞭炮、鱼、鸡、鸭、鹅、猪肉、蔬菜等，争取新年过得热热闹闹。

大寒与农事

“欢欢喜喜过新年，莫忘护林看果园。”农民伯伯就是在过新年时，也不会忘记护林看守果园。

“小寒多积肥，大寒迎新年。”小寒时节多积肥，大寒有时间准备过新年。农民伯伯可亲可敬！

二十四节气与花卉

不同的节气，都会有不同的花卉出现，成了节气的代表花卉，也成了节气的象征。

物候的花信风

哦，二十四番花信风是从第一朵梅花开始的。

人们在 24 种植物开花的物候中，挑选一种花期最准确的植物为代表，叫作这一候中的花信风。

小寒：一候梅花

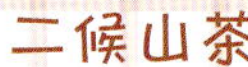
二候山茶

三候水仙

大寒：一候瑞香

二候兰花

三候山矾

立春：一候迎春

二候樱桃

三候望春

雨水：一候菜花

二候杏花

三候李花

惊蛰：一候桃花

二候棠梨

三候蔷薇

春分：一候海棠

二候梨花

三候木兰

清明：一候桐花

二候麦花

三候柳花

谷雨：一候牡丹

二候酴糜

三候楝花

一年花信风先从小寒梅花开始，最后在谷雨中楝花结束。经过二十四番花信风之后，以立夏为起点的夏季便来临了。花信风不仅反映了花开与时令的自然现象，更重要的是可以利用这种现象来掌握农时、安排农事，如“布谷布谷，割麦种谷”等。

二十四节气歌

立春梅花分外艳，雨水红杏花开鲜；
惊蛰芦林闻雷报，春分蝴蝶舞花间。

清明风筝放断线，谷雨嫩茶翡翠连；
立夏桑果像樱桃，小满养蚕又种田。

芒种玉秧放庭前，夏至稻花如白练；
小暑风催早豆熟，大暑池畔赏红莲。

立秋知了催人眠，处暑葵花笑开颜；
白露燕归又来雁，秋分丹桂香满园。

寒露菜苗田间绿，霜降芦花飘满天；
立冬报喜献三瑞，小雪鹅毛片片飞。

大雪寒梅迎风狂，冬至瑞雪兆丰年；
小寒游子思乡归，大寒岁底庆团圆。

二十四节气趣话

二十四节气，自从诞生以来就深入百姓生活，因而百姓对二十四节气也特别关注。相应地，与二十四节气息息相关的趣话也数不胜数，读来会更好地帮助我们理解二十四节气。

二十四节气与对联

古诗，是中国古代诗歌的一种体裁，由来已久，大放异彩。关于二十四节气的古诗，说来更富有趣味。

传说，明代有一位学台，来到浙江天台山游览，夜晚住宿在山中茅屋。次日晨起，见茅屋一片白霜，心中不免产生感想，便随口吟出上联：

上联：昨夜大寒，霜降茅屋如小雪。

上联中 11 个字竟嵌有三个节气，一气呵成，毫无痕迹，一时成为绝对。

下联：今朝惊蛰，春分时雨到清明。

下联中，同样是 11 个字也嵌有三个节气，对得十分工整。下联当时并没有人对出，直至近代，才由浙江的赵恭沛先生对出。

富有文学性和科学性的对联

二月春分八月秋分昼夜不长不短；
三年一闰五年再闰阴阳无差无错。

上联不仅指出了春分和秋分这两个节气所在的月份——二月和八月，而且把这两个月份的时间特点讲得清清楚楚，即二月和八月是白天和黑夜平分，一样长。

下联则换了一个角度，道出了农历闰年的规律性，对仗工整，其科学性也是毋庸置疑的。

二月春分八月秋分昼夜不长不短
三年一闰五年再闰阴阳无差无错

突显节气的简洁对联

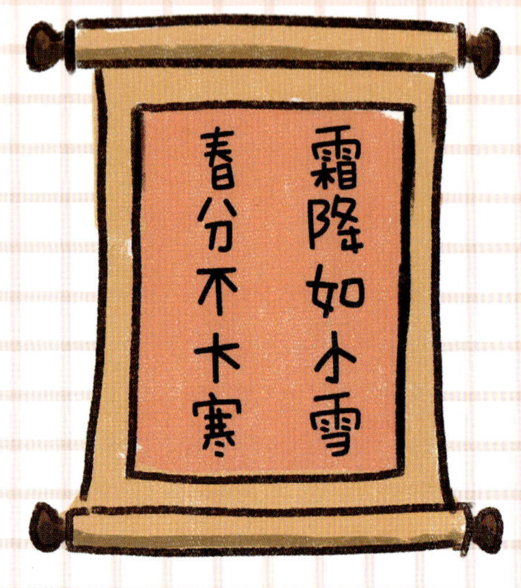

霜降如小雪，
春分不大寒。

仅十个字的对联，就容纳了霜降、小雪、春分和大寒四个节气，可见功底非同一般。

对联，对得好！

二十四节气民歌

立春阳气转，雨水沿河边。
惊蛰乌鸦叫，春分滴水干。
清明忙种菜，谷雨种大田。
立夏鹅毛住，小满雀来全。
芒种大家乐，夏至不着棉。
小暑不算热，大暑在伏天。
立秋忙打靛，处暑动刀镰。
白露忙割地，秋分无生田。
寒露不算冷，霜降变了天。
立冬先封天，小雪河封严。
大雪交冬月，冬至数九天。
小寒忙买办，大寒要过年。

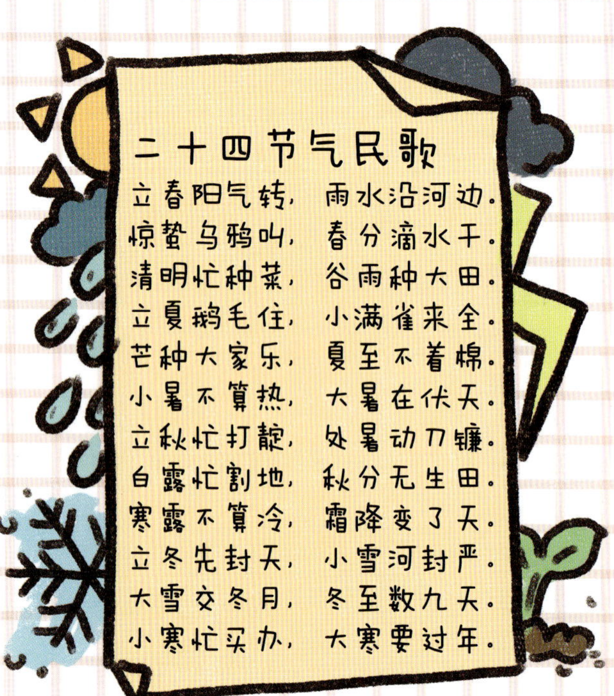

二十四节气文化真可谓内涵丰富、外延宽泛，它包含了先人的聪明与智慧，是中华民族传统文化的重要内容之一。

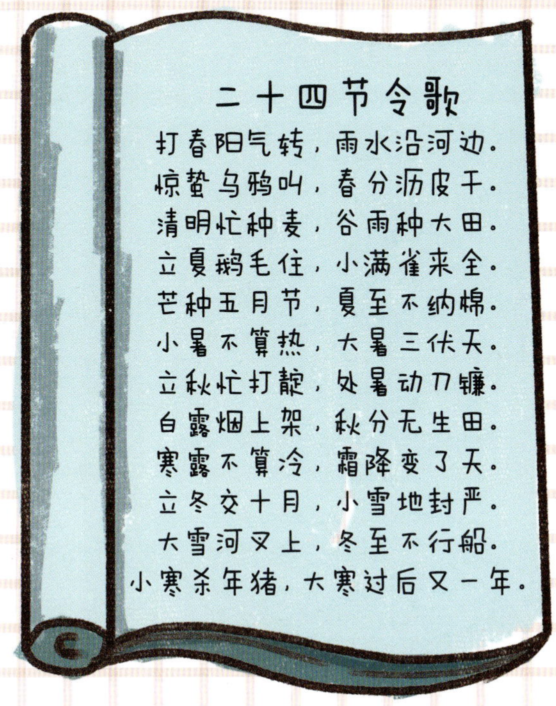

二十四节令歌

打春阳气转，雨水沿河边。
惊蛰乌鸦叫，春分沥皮干。
清明忙种麦，谷雨种大田。
立夏鹅毛住，小满雀来全。
芒种五月节，夏至不纳棉。
小暑不算热，大暑三伏天。
立秋忙打靛，处暑动刀镰。
白露烟上架，秋分无生田。
寒露不算冷，霜降变了天。
立冬交十月，小雪地封严。
大雪河叉上，冬至不行船。
小寒杀年猪，大寒过后又一年。

二十四节气时间表

春季	日期	夏季	日期	秋季	日期	冬季	日期
立春	2月3～5日	立夏	5月5～7日	立秋	8月7～9日	立冬	11月7～8日
雨水	2月18～20日	小满	5月20～22日	处暑	8月22～24日	小雪	11月22～23日
惊蛰	3月5～7日	芒种	6月5～7日	白露	9月7～9日	大雪	12月6～8日
春分	3月20～22日	夏至	6月21～22日	秋分	9月22～24日	冬至	12月21～23日
清明	4月4～6日	小暑	7月6～8日	寒露	10月7～9日	小寒	1月5～7日
谷雨	4月19～21日	大暑	7月22～24日	霜降	10月23～24日	大寒	1月20～21日